# 钱从哪里来

理财真好玩

乐凡　唯智 著　段张取艺 绘

电子工业出版社·

**Publishing House of Electronics Industry**

北京·BEIJING

一天，动物城的小动物们带着各自最爱的美食来到悠闲草坡野餐。

远远地，他们看到理财先生正在一棵大树底下坐着。

3

“理财先生！”大眼猴率先跑过去打招呼，其他小动物也跟了过去。

“大……大眼猴，你好！”理财先生忙把双手放到背后，有点儿尴尬地打招呼。

“理财先生，您在背后藏了什么东西呀？”刺儿头好奇地问。

“藏？我没藏什么呀……”
理财先生支支吾吾地说。

"你们说的是我吗？"从理财先生背后飞出来一个小东西。

"哎呀！让你不要随便出来的。"理财先生有点儿不好意思。

"你是谁？"刺儿头问。

"是外星人吗？"大眼猴很好奇。

"哎呀，好怕呀！会伤人吗？"胆小兔害怕地问。

"我叫钱精灵，我很乖的，我们可以做朋友吗？"钱精灵在空中灵活地飞舞着，看起来很可爱的样子。

"好吧，既然你们发现了我的新发明，那我就介绍一下吧。"理财先生挠挠头说，"我正在研究钱的历史，为此开发了这个钱精灵智能机器人。"

"钱的历史？""智能机器人？"钱精灵勾起了小动物们强烈的好奇心。

"请多多关照！"钱精灵飞到大眼猴的肩上说，"如果大家能把野餐的食物分给我一点儿，我可以带你们穿越时空，去了解钱是怎么来的哦！"

"好啊！穿越太酷了，快带我们去吧！"小动物们纷纷点头表示同意。

"准备好了吗？出发！"钱精灵摇动了触角……

当小动物们睁开眼睛的时候，发现自己来到了一个陌生的地方。这里是一个村子，村民们正聚在一起。

大家悄悄走近，发现村民们正在交换物品。有的村民用一些果子与其他村民交换了鱼；有的用一把斧子交换了一袋粮食……

钱精灵说："你们看，在很久很久以前，当人们生产的东西有了剩余，他们就会拿这些剩余的东西与别人交换自己需要的东西。这就是物物交换。"

11

"可是这种交换方式并不是很方便。比如，粉粉猪剩余一袋粮食，她想找大眼猴交换一筐土豆，而大眼猴虽然有剩余的土豆，可是他并不需要粮食，他需要的是一把斧子。因此，物物交换并不总能尽如人意。"

土豆

粮

斧子

13

14

　　钱精灵又摇了摇触角，一道强光闪过，大家来到了另一个地方。这是一个热闹的集市，集市上的人们都拿着贝壳与其他人交换东西。

　　"由于物物交换不太方便，人们慢慢发现可以寻找一种大家普遍接受的东西，先将自己手上的物品换成它，再拿它去交换需要的物品。在这个集市上，贝壳就是人们找到的用于交换的'中间物'。"钱精灵解释说，"这种贝壳也叫'贝币'，是实物货币的一种。也就是说，贝壳曾经被当成钱来使用。"

　　"哦，原来是这么回事。"大眼猴说，"上次去海滩我还捡了一大堆贝壳呢，哈哈，想想我真是富有啊！"

"贝壳只在特定的历史时期被当作钱来使用，所以大眼猴的贝壳现在已经不是钱了，买不到东西哦。除了贝壳以外，在历史上，人们还用过珍珠、烟草、兽角、毛皮、鲸的牙齿等东西来充当货币。"

　　"可是，贝壳等实物货币并没有一直被当成普遍使用的货币哦，因为人们发现了更适合充当货币的东西。"钱精灵一边说，一边摇晃触角，刷的一下，大家又被带到了一个新地方。

　　"这里是铸币厂。"钱精灵介绍道，"人们在长期的交换过程中发现，金属比其他东西更适合充当货币，因为金属比较容易分割、储藏，不容易破损或腐烂，而且它们本身具有较稳定的价值。所以，人们开始使用金、银、铜等金属来铸造货币。"

　　"啊，闻闻，这里有金子的味道！"卷毛狮闭着眼睛，用鼻子嗅了嗅。

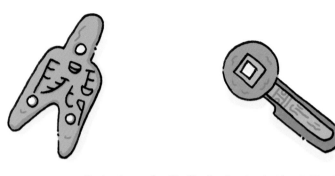

"随后，金属货币使用的范围越来越广。在不同的时期，金属货币有不同的形状、大小和重量，上面的图案及文字也各有不同。"

## 1.金属矿产储量有限　　　2.金属货币携带不

　　"在很长一段时间内，人们都把金属货币当作钱来使用。可是，当人们生产出来的东西越来越多、交换活动越来越频繁时，人们发现金属货币也有难以克服的缺点。因为用于铸造货币的金属的储藏量和开采量有限，一个地方的金属不会永远用不完，所以当人们生产的东西越来越多时，金属货币却出现了短缺，这就对交换活动产生了不利影响。"钱精灵停了停，接着说，"此外，当购买贵重物品时，需要用到很多金属货币，但大量的金属货币并不方便携带。"

钱精灵又摇了摇触角，
闪电般的亮光将大家带到了
一个新的地方。

"这是哪儿？"胆小兔怯生生地问。

"这是一家为人们保管金属货币的商铺。"
钱精灵说，"因为人们携带沉重的金属货币去其
他地方买东西非常不方便，所以有些聪明的人就
想到可以开一间商铺帮大家保管钱。存钱的人将
金属货币交给商铺，商铺将存钱的数额写在纸上，
交给存钱的人，并收取一定的保管费。"

　　"很快，这些存钱的人就发现了一件有趣的事情。他们不用再带着沉重的金属货币去买东西了，而是可以把商铺交给他们的写有存钱数额的纸当作钱来使用。于是，这些贵重的纸就成了一种新的货币，也就是纸币。"

　　"用纸币就能买到东西，真是方便很多呀！"乖乖熊点点头说。

"正是由于方便，纸币一直沿用至今。"钱精灵说，"不过纸币现在已不再是存放金属货币的凭证了，它并不需要与金属货币等同起来。如今的纸币是由人们信任的政府和银行来发行的。纸币上面印有各种面额，比如印着100元的纸币，说明它有100元的价值，就可以购买100元的商品。"

"可是，妈妈给我的零花钱有很多还是金属做的硬币。"粉粉猪说。

"是的，如今还保留着一些小面额的硬币作为纸币的辅助货币，你在乘坐公交或地铁的时候可以使用这些硬币。"

"呜呜——说的太多了，我肚子好饿呀！"钱精灵说。

"谢谢你，钱精灵。今天你带我们玩穿越，了解钱的历史，真是让我们大开眼界！我们一定要好好犒劳你！走，我们回去野餐吧。"

"哈哈，其实这次的时空穿越是用虚拟现实技术模拟出来的，看来我的开发很成功。我也要谢谢你们帮我验证了研究成果哦！"理财先生得意地说。

随着一道强光的出现，小动物们回到了悠闲草坡。美妙的野餐开始啦！

**图书在版编目（CIP）数据**

理财真好玩. 钱从哪里来 / 乐凡，唯智著；段张取艺绘. --北京：电子工业出版社，2020.11

ISBN 978-7-121-39720-2

Ⅰ. ①理…　Ⅱ. ①乐…　②唯…　③段…　Ⅲ. ①财务管理-少儿读物　Ⅳ. ①TS976.15-49

中国版本图书馆CIP数据核字（2020）第189274号

责任编辑：王　丹　文字编辑：冯曙琼
印　　刷：北京缤索印刷有限公司
装　　订：北京缤索印刷有限公司
出版发行：电子工业出版社
　　　　　北京市海淀区万寿路173信箱　邮编：100036
开　　本：889×1194　1/24　　印张：8.25　字数：126.1千字
版　　次：2020年11月第1版
印　　次：2024年9月第5次印刷
定　　价：99.00元（全6册）

　　凡所购买电子工业出版社图书有缺损问题，请向购买书店调换。若书店售缺，请与本社发行部联系，联系及邮购电话：（010）88254888，88258888。
　　质量投诉请发邮件至zlts@phei.com.cn，盗版侵权举报请发邮件至dbqq@phei.com.cn。
　　本书咨询联系方式：（010）88254161转1823。